ANIMALES SUPERGIGANTES

BLACK RABBIT BOOKS

JOANNE MATTERN

ÍNDICE

1

La ballena azul

La ballena azul es el animal más grande que ha existido. Estos mamíferos gigantes son incluso más grandes que algunos dinosaurios. Viven en océanos de todo el mundo.

Una ballena azul mide entre 80 y 90 pies (24 y 27 metros) de largo. ¡Y también es muy pesada! Una ballena azul puede pesar hasta 300.000 libras (136.078 kilogramos). Su corazón es del tamaño de un coche pequeño.

Lamentablemente, las ballenas azules están en peligro de extinción. Hoy en día, hay menos de 25.000 de estos gigantes del océano.

¿Sabías que…?
La lengua de una ballena azul puede pesar tanto como un elefante.

Piensa en esto
¿Por qué se están extinguiendo las ballenas azules? Investiga qué factores han puesto en peligro a estos gigantes.

2

El oso polar

¿Cuál es el oso más grande de la Tierra? ¡El oso polar! Puede pesar más de 1760 libras (798 kg). Los osos polares viven en el hielo del océano Ártico. Eso es cerca del Polo Norte.

Los osos polares no son solo osos grandes. Son los carnívoros más grandes de la tierra. Estos poderosos depredadores cazan focas. Son grandes nadadores. Sus pies son como grandes remos. Pueden nadar muchos kilómetros en busca de comida.

Estos grandes osos se enfrentan a grandes problemas. El calentamiento global ha derretido una gran cantidad de hielo marino. Por lo tanto, los osos polares tienen menos lugares para vivir y cazar.

¿Sabías que...?

La piel de un oso polar es negra. Su pelaje parece blanco porque refleja la luz.

3

El avestruz

Cuando mides 9 pies (2,7 m) de alto y pesas hasta 300 libras (136 kg), es difícil despegar. Eso es lo que le ocurre al avestruz. Es el ave más grande del mundo. Pero es demasiado grande para volar.

Un avestruz no puede volar, ¡pero puede correr! Estas aves pueden correr a una velocidad de hasta 45 millas (72 kilómetros) por hora. Son las aves más rápidas de la tierra. Sus largas patas pueden cubrir 16 pies (5 m) de un paso. Las patas de los avestruz también son excelentes armas. La patada de un avestruz puede matar a un león.

Piensa en esto

Si no puede volar, ¿para qué utiliza sus alas el avestruz?

¿Sabías que…?
El avestruz no es la única ave que no puede volar. Los emúes, los ñandúes y los casuarios tampoco pueden hacerlo.

4

La jirafa

La jirafa es el mamífero más alto del mundo. Estos gigantes miden hasta 18 pies (5,5 m) de altura. Incluso las crías de jirafa son grandes. Las crías miden alrededor de 6 pies (1,8 m) de altura.

Las jirafas viven en pastizales de África. Su altura les ayuda a encontrar comida. Una jirafa puede alcanzar las hojas de los árboles altos. Su lengua larga también les ayuda.

Las jirafas viven en grandes manadas. Permanecer en grupos grandes ayuda a que las jirafas puedan mantenerse a salvo de los depredadores.

¿Sabías que…?
Cada jirafa tiene un patrón de pelaje diferente.

5

La anaconda verde

La anaconda verde se lleva el premio a la serpiente más gigantesca. Estas grandes criaturas pesan hasta 550 libras (249 kg). Eso las convierte en la serpiente más pesada del mundo.

Las anacondas verdes viven en las selvas tropicales cálidas y húmedas de América del Sur. Les gusta tumbarse en el agua con la cabeza hacia arriba.

Estas grandes serpientes comen alimentos grandes. Las anacondas verdes comen cerdos salvajes, ciervos, tortugas y más. ¡A veces matan cocodrilos y jaguares! Estas serpientes son **constrictoras**. Envuelven sus grandes cuerpos alrededor de sus **presas** y las aprietan hasta matarlas.

Piensa en esto

La anaconda verde es la serpiente más pesada. Busca la serpiente más larga del mundo. ¿Cuál crees que es la serpiente más grande?

El elefante africano

6

Los elefantes africanos son los animales más grandes que viven en la tierra. Los machos pueden medir hasta 13 pies (4 m) de alto. Las hembras, unos 8 pies (2,4 m).

Estos animales también son muy pesados. Los machos pesan hasta 14.000 libras (6.350 kg). Las hembras, unas 7.000 libras (3.175 kg).

Los elefantes son **herbívoros**. Es decir, solo comen plantas. Comen raíces, hierba, fruta y corteza de árboles. Se necesita mucha comida para saciar a un elefante. Un elefante puede comer hasta 300 libras (136 kg) de comida al día.

Piensa en esto Los elefantes también están en peligro de extinción. ¿De qué manera afecta el ser humano a las poblaciones animales?

MÁS PARA EXPLORAR

¿EN QUÉ PARTE DEL MUNDO?

BALLENAS AZULES
Todos los océanos excepto el Ártico

OSOS POLARES
Zonas del norte de América del Norte, Europa y Asia

AVESTRUCES
África

JIRAFAS
África

ANACONDAS VERDES
América del Sur

ELEFANTES AFRICANOS
África

MÁS PARA EXPLORAR

DATOS FANTÁSTICOS

Los enormes pulmones de la ballena azul contienen una gran cantidad de aire. Puede permanecer bajo el agua hasta una hora.

Una gruesa capa de grasa debajo de la piel mantiene calientes a los osos polares.

Las alas del avestruz le ayudan a mantener el equilibrio cuando corre.

El cuello de una jirafa es tan largo que tiene que extender las patas y agacharse para beber.

Las anacondas jóvenes se esconden en el barro para alejarse de los depredadores.

Un elefante puede producir 330 libras (150 kg) de excremento al día.

MÁS PARA EXPLORAR

COMPARACIONES INTERESANTES

¿Cómo se comparan estos animales en tamaño?

Anaconda verde
550 libras (249 kg)

Avestruz
300 libras (136 kg)

Jirafa
3000 libras
(1361 kg)

Elefante africano
14 000 libras (6350 kg)

Oso polar
1760 libras (798 kg)

Ballena azul
300 000 libras
(136 078 kg)

MÁS PARA EXPLORAR

RECURSOS

Glosario

carnívoro Un animal que come carne.

constrictora Una serpiente que se enrolla y aprieta a su presa.

depredador Un animal que come a otros animales.

en peligro de extinción A punto de desaparecer.

herbívoro Un animal que se alimenta de plantas.

mamífero Un tipo de animal con pelo o piel que bebe la leche de su madre.

presa Animal al que cazan o matan para comerlo.

Índice alfabético

TOP RANK es publicado por Black Rabbit Books, P.O. Box 227, Mankato, MN, 56002.

• Top Rank un sello de Black Rabbit Books • Editado de Alissa Thielges • Diseño de Danny Nanos • Fotografías © Dreamstime/THPStock, cover; Getty Images/imageBROKER/Burkhard Sauskojus, 10, aisbeckfoto, 13, 21, Robert Harding Picture Libr. Ltd, 20; Shutterstock/cellistka, 23, chrisbrignell, 18, 21, Dervish45, 23, FloridaStock, 9, 21, Four Oaks, 11, gillmar, 6–7, GTW, 8, GUDKOV ANDREY, 17, Hennadii H, 23, jaroslava V, 2, 14, Marti Bug Catcher, 5, Patrick K. Campbell, 16, paula French, 12, 21, pixorena, 23, Rukqq, 23, Sam DCruz, cover, Starostov, 23, Timmy V Photography, 19, 21, tonyzhao120, 15; Superstock/Amazing Aerial, 4, 21 • Impreso en China

Library of Congress Cataloging-in-Publication Data: Names: Mattern, Joanne, 1963- author. | Title: Animales supergigantes / by Joanne Mattern. | Description: Mankato, MN: Black Rabbit Books, [2025] | Series: Animales superincreíbles | Includes index. | Ages 8–11 | Grades 2–3 | Identifiers: LCCN 2024023502 | ISBN 9781644667514 (library binding) | ISBN 9781644667606 (paperback) | ISBN 9781644667682 (ebook) | Subjects: LCSH: Body size—Juvenile literature. | Animals—Juvenile literature. | Classification: LCC QL799.3 .M38318 2025 | DDC 591.4/1—dc23/eng/20240613